Bibliografische Information der Deutschen Nationalbibliothek:

Die Deutsche Bibliothek verzeichnet diese Publikation in der Deutschen Nationalbibliografie; detaillierte bibliografische Daten sind im Internet über http://dnb.d-nb.de/ abrufbar.

Impressum:

Druck und Bindung: Books on Demand GmbH, Norderstedt Germany
ISBN: 9783668674325

Dieses Buch bei GRIN:

https://www.grin.com/document/418295

Martin Schaller

Die Ressource Erdöl. Gewinnung, Nutzung und Risiko-potentiale

GRIN Verlag

Fakultät Erziehungswissenschaften Institut für Berufspädagogik und Berufliche Didaktiken

SACHANALYSE: ERDÖLFÖRDERUNG
WTH-M03: FELDER TECHNISCHER ARBEIT

vorgelegt von: Schaller, Martin

Semester: 4. Fachsemester

vorgelegt am: Dresden, 23.08.2016

INHALTSVERZEICHNIS

1 EINLEITUNG

„Das schwarze Gold prägt unseren Alltag in mannigfaltiger Weise. Trotz alternativer Energien hängt die Welt immer noch vom Öl ab. Egal ob als Basis für Kunststoffe, Schmiermittel für Maschinen oder als Treibstoff für unsere Autos; ohne Erdöl wären die heutigen Konsum-, Mobilitäts- und Energiebedürfnisse kaum zu bewältigen." schreibt der Finanzanalyst der Schweizer St. Galler Kantonalbank Thomas Stadelmann in seiner Marktanalyse „Erdöl: Schmiermittel der Weltwirtschaft" und weist damit nüchtern auf die immanente Abhängigkeit der modernen Industriegesellschaft vom Rohstoff Erdöl hin.[1]

Und in der Tat – heute erscheint eine Welt ohne Erdöl schlicht unvorstellbar, zu allgegenwärtig scheint die Nutzung des fossilen Rohstoffes und so begegnet er uns tagtäglich in Form von Plastikverpackungen und -flaschen, Gerätegehäusen und Artikeln des täglichen Gebrauchs, als Trieb- und Schmiermittel für unsere Maschinen oder zur Strom- und Wärmeerzeugung. Doch so vielseitig und universell nützlich sich der Rohstoff Erdöl auch darstellt, sein Abbau und seine Verwendung sind mit vielfältigen Schwierigkeiten und Problemen verbunden. Unmengen die Landschaften dieser Erde verschandelnder Plastikmüll, ein durch die Verbrennung diverser fossiler Rohstoffe maßgeblich getriebener Klimawandel oder verherrende Ölkatastrophen mahnen zu einer sparsameren, unsichtigeren und nachhaltigeren Verwendung des vermeintlichen Schwarzen Goldes. Daher erscheint es kaum verwunderlich, dass sich weltweit die Stimmen für den längst überfälligen Umstieg auf erneuerbare Energien mehren.

Diese Seminararbeit setzt sich intensiv mit der Gewinnung und Nutzung des Rohstoffes Erdöl auseinander. Es wird die vielfältige Verwendung und die daraus resultierende Abhängigkeit von dieser Ressource erörtert, die globale Verteilung der Erdöllagerstätten, deren Exploration, verschiedenste Fördermethoden, sowie die Raffinierung von Erdöl beschrieben, Gefahren und Risiken seiner Verwendung untersucht und letztendlich eine Prognose zur Zukunftsaussicht der Erdölnutzung gewagt.

Dazu wurde eine umfangreiche Literaturrecherche vorgenommen.

---

[1] https://www.sgkb.ch/download/online/Market_Focus_Erd%C3%B6l_als_Schmiermittel_22_03_11_SGKB.pdf

2 WAS IST ERDÖL

2.1 BEGRIFFSKLÄRUNG

Erdöl bezeichnet einen in der Erdkruste eingelagerten fossilen Brennstoff, welcher hauptsächlich aus einem Stoffgemisch von verschiedenen Kohlenwasserstoffen in Begleitung von Schwefel-, Sauerstoff-, Phosphor-, und Stickstoffverbindungen besteht.[2] Rohes Erdöl – das sogenannte Rohöl – stellt mit über 17.000 möglichen Bestandteilen eine der komplexesten natürlichen Mischungen aus anorganischen Stoffen dar, die auf – oder besser gesagt unter – der Erde vorkommen. Je nach geographischer Herkunft und damit in enger Abhängigkeit von seiner Entstehung variiert die Gestalt (Farbe, Konsistenz und Geruch) des Rohöls von transparent und dünnflüssig bis tiefschwarz und dickflüssig. Der charakteristische Geruch des Rohöls beruht auf den darin enthaltenen Schwefelverbindungen und kann in einem Spektrum zwischen angenehm und widerlich-abstoßend beschrieben werden.[3]

2.2 ENTSTEHUNG VON ERDÖL

Trotz einer intensiveren, inzwischen über Jahrhunderte andauernden intensiven Erforschung der Erdölentstehung kann diese bis heute nicht gänzlich erklärt werden. Als gesichert gilt die biogene Theorie der Erdölentstehung des russischen Naturforschers Lomonossow aus dem Jahre 1757. Neben dieser bestehen jedoch auch eine Reihe weiterer Theorien, wie beispielsweise die durch den russischen Chemiker Mendelejew postulierte anorganische Bildung von Erdöl aus Metallcarbiden und überhitzen Wasserdampf. Die biogene Theorie besagt, dass organische Substanzen Voraussetzung für die Erdölbildung sind. Diese sedimentieren unter Sauerstoffabschluss am Boden von eutrophischen Meeren oder Seen, in deren ruhigen Tiefenwasser kein Sauerstoff in Lösung gegeben ist, sodass die organischen Sedimente nicht durch aerobe Mikroorganismen zersetzt werden können. Dieses Szenario liegt beispielsweise in den Weltmeeren vor, in denen im größeren Maßstab seit etwa zwei Milliarden Jahren Plankton abstirbt, absinkt und am Meeresgrund von Sedimenten überdeckt wird.[4] Getrieben durch

[2] Vgl.: Punsch, Rischmüller, Weggen (1994), S. 1
[3] Vgl.: CHEMIE.DE Information Service GmbH (o. J.), http://www.chemie.de/lexikon/Erd%C3%B6l.html [letzter Zugriff: 23.08.2016]
[4] Vgl.: Punsch, Rischmüller, Weggen (1994), S. 3ff

die Erhöhung von Temperatur und Druck beim Absinken der Sedimentschichten – beispielsweise hervorgerufen durch tektonische Ereignisse – wandeln sich die organischen Materialien in sogenannte Kerogene um, organische Materialien, welche vorwiegend aus Kohlenstoff und Wasserstoff bestehen.[5] Die für den als Katagenese bezeichneten Prozess benötigten Bedingungen lassen sich bereits in Tiefen / Teufen um die 1000m und bei Temperaturen um die 50°C vorfinden. Weitere Sedimentüberdeckungen oder tektonische Absenkungen jener Schichten führen zu einer Temperaturerhöhung durch Erdwärme und beschleunigen den Prozess. Bei diesen noch nicht gänzlich erforschten biochemischen Vorgängen scheinen anaerobische Bakterien, welche die Kerogene in vorläufig noch feste Protobitumina umwandeln, von zentraler Bedeutung. Ein Nebenprodukt dieser mikrobiellen Umsetzung ist Methangas, welches im Verlaufe weiterer chemischen Reaktionen zu Erdgas reagiert und oft im Verbund mit Erdöl auftritt. Sinken diese als Erdölmuttergestein bezeichneten kerogenhaltigen porösen Sedimentgesteine infolge zunehmender Sedimentbedeckungen oder durch magmatischer Tiefen-intrusionen weiter ab, führt die kritische Temperaturerhöhung des Muttergesteine durch teilweisen Verflüssigung des Primärbitumens zur eigentlichen Erdölbildung.[6] Die nun beweglichen Kerogenpartikel sind leichter als Wasser und verdrängen dieses innerhalb von porösen Gesteinsschichten, wodurch der als primäre Migration bezeichnete, hauptsächlich in vertikaler Richtung stattfindende Aufstieg der Erdöltröpfchen von den Muttergesteinen zu den Speichergesteinen getrieben wird. Bei dieser Wanderung der Kerogene vereinigen sich die Tröpfchen zunehmen zu kompakteren Massen, bis diese auf undurchlässigen Schichten – sogenannte Erdölfallen – treffen und vertikal und / oder horizontal aufgestaut werden. Erdöllagerstätten bestehen also aus einem porösen Speichergesteinen, deren Poren mit Erdöl, Lagerstättenwasser und gegebenenfalls zuoberst mit Erdgas, welches als Nebenprodukt der mikrobakteriellen Umsetzung oder der Umwandlung flüssiger Kohlenwasserstoffe entsteht, gefüllt und von undurchlässigen Gesteinssichten umringt sind. Zudem existieren erdölhaltige oberflächennahe sandige Sedimentschichten welche als Erdölsande bezeichnet werden.[7] Das benötigte Zeitfenster für die Bildung der zuweilen gigantischen

---

[5] Vgl.: CHEMIE.DE Information Service GmbH (o. J.), http://www.chemie.de/lexikon/Erd%C3%B6l.html [letzter Zugriff: 23.08.2016]
[6] Vgl.: Punsch, Rischmüller, Weggen (1994), S. 6
[7] Vgl.: CHEMIE.DE Information Service GmbH (o. J.), http://www.chemie.de/lexikon/Erd%C3%B6l.html [letzter Zugriff: 23.08.2016]

Erdöllagerstätten unseres Planeten ist im Besonderen von der auf die Sedimente bzw. Kerogene einwirkende Erdwärme abhängig und wird von Wissenschaftler auf etwa 50 Millionen Jahre (bei einer einwirkenden Erdwärme von mindestens 60°C) geschätzt. Die kalifornischen Lagerstätten, welche sich in einer der tektonisch aktivsten Regionen der Erde befinden und daher durch eine relativ große Nähe zu magmatischen Schichten gekennzeichnet sind, sollen sich jedoch in nur ein bis zwei Millionen Jahren (bei Temperaturen von über 100°C) gebildet haben.[8]

3 BEDEUTUNG ALS ROHSTOFF

Die Verwendung von Erdöl blickt auf eine lange Geschichte zurück und zahlreiche Quellen belegen die vielfältige Verwendung des schwarzen Goldes durch den Menschen. So wurde Erdöl bereits im Altertum von den Chinesen, Ägyptern, Assyrern und Römern zu Leuchtzwecken, als Zuschlagstoff bei der Herstellung von Ziegeln, als Klebemittel bei der Werkzeugfertigung oder als Dichtmittel im Schiffsbau genutzt. Den Mönchen des tiroler Kloster St. Quirinus ist die heilende Wirkung des Erdöles bereits seit 1430 bekannt. Aber auch die Entwicklung, sowie der Betrieb verschiedenster Maschinen seit der Zeit der Industrialisierung wären ohne die schmierende und fettende Wirkung des Rohstoffes kaum vorstellbar. Besonders die Motorisierung des Alltages, die 1888 mit der Patentierung des Motorwagens von Benz begann, wäre ohne Mineralöl undenkbar. Damals wurde Erdöl jedoch hauptsächlich als Rohstoff zur Gewinnung von Treibmitteln, Schmiermitteln oder Heizöl verstanden. Doch durch seine leichte Transportier- und Verarbeitbarkeit, sowie die vielfältigen Nutzbarkeit hat sich Erdöl zu einem der wichtigsten Energieträger und zu einem bedeutenden Handelsgut entwickelt. Dank der verschiedensten Verfahren der chemischen Industrie ist Erdöl heute in unserem Alltag schlicht allgegenwärtig und die Grundlage der modernen Industriegesellschaft. Beispielsweise ermöglicht die komplexe Zusammensetzung des Rohstoffes, sowie die daraus folgende Reaktionsfreudigkeit, die Herstellung verschiedenster Kunststoffe, welche inzwischen in jeglichen Bereich des menschlichen Lebens Anwendung finden.[9] Zwar werden auch heute noch etwa zwei Drittel der Welterdölproduktion in Kraftwerken und Heizungsanlagen zu

[8] Vgl.: Punsch, Rischmüller, Weggen (1994), S. 7
[9] Vgl.: Punsch, Rischmüller, Weggen (1994), S. 1ff

Wärme oder Strom umgeformt und weitere 35% in Form von Benzin, Diesel oder Kerosin zum Antrieb von Fahrzeugen, Schiffen und Flugzeugen verwendet, doch die verbliebenen 10% des Öle werden von der Petrochemie verarbeitet. Auch in Deutschland wird circa 10% des verwendeten Öles der Petrochemie zugeführt, so fußen fast 80% der Produkte des Chemiekonzernes BASF auf Erdöl.[10]

3.1 LEBENSWELTBEZUG

Aufgrund der immensen Bedeutung von Erdöl und seiner breiten Verwendung durch die moderne Gesellschaft kommen die Schüler und Schülerinnen schon im frühsten Alter mit Produkten aus Erdöl bzw. Plastik in Berührung, denn Kinderspielzeuge, Trinkfläschchen oder Windeln bestehen beispielsweise zumindest in Teilen aus Kunststoffen. Dieser Trend zieht sich durch das gesamte Leben. Denn auch Nahrungsmittel werden heute zumeist in Kunststoffen verpackt, Bekleidung besteht immer häufiger als synthetischen Stoffen, technische Geräte befinden sich in Gehäusen aus Plastik, später wird dann das erste eigene Fahrzeug mit einem Treibstoff auf Erdölbasis betankt. Bedingt durch diese alltägliche Nutzung und breite Verwendung fußen heute und aller Wahrscheinlichkeit nach auch zukünftig viele Berufsbilder auf der Herstellung oder Verwendung von Erdöl oder Erdölprodukten. Daher bieten sich für die Schüler und Schülerinnen in diesen Bereichen vielfältige Ausbildungs- und Berufsmöglichkeiten an. Um den Edukanten diese weitreichende Bedeutung bewusst zu machen, das Interesse für die Berufe der chemischen Industrie zu wecken oder schlicht auf die Notwendigkeit des verantwortungsvollen Umgangs mit der endlichen Ressource bis hin zur Belastung des Umweltgleichgewichts mit Abgasen und Plastikmüll und der daraus abgeleiteten Notwendigkeit des Recycelns und Verzichtens hinzuweisen, ist eine frühe Auseinandersetzung mit dem Rohstoff notwendig. Diese kann in der Schule idealer Weise im Rahmen eines fächerübergreifenden Unterrichts oder während des Sachunterrichts, in Chemie, Physik, WTH, Geographie oder Ethik geschehen.

[10] Vgl.: ENGIE E&P DEUTSCHLAND GmbH (o. J.), http://www.erdoel-in-speyer.de/index.php/rund-ums-erdoel/erdoel-im-alltag.html [letzter Zugriff: 23.08.2016]

4 LAGERSTÄTTEN DES ERDÖLS

Rohöl kann rund um den Globus gefunden werden, sein Vorkommen ist jedoch an die Entstehung im und das Vorhandenseien von Sedimentbecken gebunden. Diese sind jedoch keineswegs statisch zwischen den Ländern der Erde verteilt, woraus sich ein enormes Konfliktpotential um den Abbau und die Nutzung ableitet.[11] Eine Studie der Universitäten von Portsmouth und Warwick kam zu dem Schluss, dass bei zwei Dritteln der 69 Bürgerkriege zwischen 1945 und 1999 (z.B. 1958: Sowjetunion in Indonesien, 1967-1970: Großbritannien in Nigeria oder 1992: USA im Irak) das Intervenieren ausländischer Mächte von der Absicht der Absicherung bestehender oder dem Erschließen neuer Ölquellen getrieben war.[12] Besonders häufig lassen sich Erdölvorkommen im Bereich der Becken, welche infolge des Kontinentaldrifts während der Zeit zwischen Jura und mittlerem Tertiär stark eingetieft wurden, finden. Getrieben durch die stetige Verschiebung der Erdplatten in Begleitung mit komplizierten, langwierigen und äußerst kraftvollen Hebe-, Senk-, und Faltvorgängen befinden sich diese Lagerstätten heute sowohl an Land (Onshore), als auch unter Wasser (Offshore). Prognosen bescheinigen den Ländern des Mittleren Osten (Saudi-Arabien, Irak, Iran, Afghanistan, Pakistan,...) mit circa 60% der weltweiten Vorräte bzw. 100 Mrd. Tonnen Erdöl die größten Erdöllagerstätten. Den folgen mit weiten Abstand Afrika, die Länder des Fernen Osten, Russland, Nordamerika, Lateinamerika und Europa, welche sich die restlichen 40% in nahezu gleichen Verhältnissen aufteilen.[13] Im Jahre 2004 wurde die bestätigte Weltreserve an Erdöl auf circa 150 bis 170 Mrd. Tonnen beziffert. Trotz der andauernd fortlaufenden Erdölförderung konnte die abbaubare Reserve mithilfe des technologischen Fortschrittes beim Auffinden, bei der Exploration und Förderung weltweit gesteigert werden. Aber auch die Entdeckung neuer großer Quellen, zumeist Offshore, wie z.B. vor Ost-Venezuela, im brasilianischen Becken oder in Saudi-Arabien, führten zu einer Erhöhung der abbaubaren Weltreserven. Diese können den Bedarf jedoch trotz alle dem nur noch für circa 50 Jahre decken. Kritisch muss bei solchen Prognosen immer auch betrachtet werden, dass der Energiebedarf der Schwellen- und

[11] Vgl.: Punsch, Rischmüller, Weggen (1994), S. 41
[12] Vgl.: Wirtschaftswoche (2015), http://www.wiwo.de/politik/ausland/von-wegen-verschwoerungstheorie-krieg-ums-oel-/11298670.html [letzter Zugriff: 23.08.2016]
[13] Vgl.: Punsch, Rischmüller, Weggen (1994), S. 41

Entwicklungsländer stetig ansteigt und auch in den Industrieländern nicht rückläufig ist. Daher kann das Versiegen wirtschaftlich rentabler Ölquellen auch bereits wesentlich früher eintreten.

5 ERDÖLFÖRDERUNG

5.1 AUFFINDEN VON LAGERSTÄTTEN

Der Förderung des Rohstoffes Öl geht eine aufwendige Lagerstättensuche voraus. Dazu sind umfassende geologische und geophysikalische Untersuchungen möglicher Lagerstätten notwendig, welche mithilfe der Verfahren der Magnetometrie, Gravimetrie oder Seismik durchgeführt werden. Zur Vermeidung immer höherer Gesamtkosten der Bohrprojekte, resultierend aus stetig steigenden Material- und Personalkosten, immer größeren Bohrtiefen und immer extremeren Umwelteinflüssen, gestalten sich diese heute Zusehens umfangreicher.

Die Magnetometrie umfasst verschiedene Verfahren zur magnetischen Messungen an Gesteinskörpern zur Auffindung von geologischen Verwerfungen und Änderungen in der Gesteinsabfolge. Dabei kann auch die Art der Gesteinsschichten bestimmt werden. Rohöl lässt sich dabei besonders häufig in grobporigen Gesteinen wie Basalten auffinden. Gravimetrische Verfahren hingegen messen die Veränderung des Schwerefeldes der Erde. Salzgesteine, welche häufig als Erdöl- oder Erdgasfalle fungieren, besitzen eine relativ geringe Dichte und grenzen sich damit scharf von umliegenden Gesteinssichten mit höherer Dichte, wie beispielsweise den zuvor genannte basaltischen Erdöllagerstätten, ab. Seismische Verfahren stellen heute dank der Möglichkeit der Erzeugung hochwertiger digitaler Aufnahmen, sowie deren vielfältigen Bearbeitungs- und Interpretationsmöglichkeiten am Computer die häufigste und genauste Untersuchungsmethode dar. Dabei wird die Laufzeit künstlich erzeugter Wellen im Gesteinskörper gemessen. Die charakteristische Beugung und Reflexion der Wellen an den verschiedenen Gesteinsarten lässt dabei Rückschlüsse über den Aufbau des Erdkörpers, sowie das Vorhandensein eventuelle Rohstofflagerstätten zu. Zudem werden die Gesteinsgrenzen im seismischen Profil sichtbar.[14]

5.2 EXPLORATION VON LAGERSTÄTTEN

Lässt das Ergebnis der Lagerstättensuche auf das Vorhandensein von Erdöl oder Erdgas schließen, erfolgt im nächsten Schritt die Exploration des Gesteinskörpers. Der Begriff Exploration beschreibt Methoden und Verfahren der Erkundung des Förder- und Laufzeitpotentials von Lagerstätten, sowie des Aufbaus der durchteuften Gesteinsformationen. Die mithilfe der sogenannten Aufschlussbohrungen gewonnenen Parameter dienen letztendlich der Entscheidung, ob eine wirtschaftliche Förderung des enthaltenen Rohstoffes aus der Lagerstätte nach Übertage möglich ist und unter Nutzung welcher Verfahren die Lagerstätte erschlossen werden kann. Dazu werden zunächst einige hundert Probebohrungen in den Gesteinskörper abgesetzt, um an verschiedenen Koordinaten und in verschiedenen Tiefen dessen Zusammensetzung bzw. das eventuelle Vorhandensein, sowie die Lagertiefe von Erdöl oder Erdgas zu ergründen. Obwohl die dafür das Auffinden der Lagerstätten verwendete Technologie immer genauer wird, beträgt das Verhältnis von Fundbohrungen zu Fehlbohrungen immer noch etwa ein zu sechs. Dieser Sachverhalt ist jedoch auch immer größeren Bohrtiefen und immer schwierigere Bohrbedingungen, z.B. bei Offshorebohrungen durch weitere Entfernungen zur Küste, geschuldet.[15]

Für das Auffinden und Erkunden von potentiellen Lagerstätten gilt, dass ohne die möglichst genaue Kenntnis des geologischen Baues des Sedimentbeckens der Erfolg der Rohstoffsuche nur zufällig sein kann, da sich der Abbau durch Änderungen der Sedimentreihenfolge, Schrägstellungen, Hebungen oder geologischen Störungen infolge tektonischer Ereignisse immens schwierig und unwirtschaftlich gestalten kann.[16]

5.3 GEWINNUNG VON ERDÖL

Nachdem durch Exploration einer Bohrstelle die wichtige Parameter Lage, Größe, Art des Rohstoffes, Förderpotential, sowie die auftretende Druckverhältnisse ermittelt wurden, kann dem folgend der Entschluss über die wirtschaftliche

[14] Vgl.: Punsch, Rischmüller, Weggen (1994), S. 15ff
[15] Vgl.: Punsch, Rischmüller, Weggen (1994), S. 11ff
[16] Vgl.: ebd.

Förderung des Öles getroffen werden. Produktionsbohrungen sind dabei so niederzubringen, dass die Bohrungen, sowie die folgende Förderung zu minimalen Kosten und mit minimalen Risiken umgesetzt werden können, sowie ein maximaler Anteil des Lagerstätteninhaltes mit einer minimalen Anzahl von Bohrungen möglichst störungsfrei über die gesamte Lebenszeit der Lagerstätte gefördert werden kann. Die Gewinnung des Rohöles kann dabei mithilfe verschiedener Technologien erfolgen, die nun im Folgenden vorgestellt werden. Diesen Grundsätzen folgend hat es sich bewährt, die vielversprechendsten Aufschlussbohrungen in Produktionsbohrungen umzuwandeln.

5.3.1 TIEFBOHRTECHNIK

Die Tiefbohrtechnik stellt die zurzeit meist verbreitete Fördermethode dar. Ihre Wurzeln reichen bis ins alte China zurück, wo Überlieferungen zufolge bereits im Jahre 600 v. Chr. Bohrungen nach Salz in Tiefen von bis zu 500m realisiert worden sind. Und auch in Europa wurden Tiefenbohrungen bereits in Altertum und Mittelalter zur Wassergewinnung oder Erkundung von Erzgängen genutzt. Getrieben durch Maschinenkraft konnten die Bohrer der Zeit der Industrialisierung bereits Teufen um die 2000m erreichen. Einen Quantensprung der Tiefbohrtechnik brachten die Entwicklung des schnellschlagenden drehenden Bohrers mit umlaufender Spüllösung, sowie das Rotary-Bohrverfahren am Ende des 19. Jahrhunderts. Letztgenanntes Verfahren stellt auch heute noch den Urahnen der Bohrtechnik dar und wird ständig weiterentwickelt, wodurch im Rahmen kommerzieller Bohrungen Teufen von über 9000m erreicht werden konnten. Der Tiefbohrweltrekord von über 12260m wird von der im Turbinenbohrverfahren realisierten sowjetischen Bohrung Kola SG 3 gehalten.[17]

Beim vorherrschenden Rotary-Bohren werden Bohrgestänge, welche zur Reibungsverminderung und Kühlung der Apparatur von einer viskoplastischen Bohrspülung umflossene sind, zusammengefügt. An deren Spitze befindet sich ein an das Gestein angepasstes Rollenbohrwerkzeug. Stahlrohrhohlgestänge und Rollenbohrwerkzeug werden durch Motoren in Rotation bzw. Bewegung versetzt und vom Bohrturm mit einem Flaschenzug vertikal über der Bohrstelle abgelassen. Beschwert durch die eigene Masse oder zusätzliche Schwerstangen

---

[17] Vgl.: Punsch, Rischmüller, Weggen (1994), S. 59f

oberhalb des Bohrers frisst sich dieser ins Gestein. Wenn die Bohrung eine Tiefe erreicht welche der Länge des Bohrgestänges entspricht wird dieses mit weiteren Hohlrohren verlängert. Durch das hohle Gestänge kann zudem jederzeit das genaue Gesteinsabbild der Bohrung, der sogenannte Bohrkern, zur Untersuchung zu Tage befördert werden. Eine Pumpvorrichtung nahe der Bohrstelle ermöglicht letztendlich das Hochpumpen von Erdöl oder Erdgas, welches durch Filteranlagen gereinigt und in Tanks gelagert oder durch Pipelines abtransportiert wird.[18]

5.3.2 OFFSHORE-BOHRUNGEN

Aufgrund der fortschreitenden Verknappung der natürlichen Ressourcen rücken Rohstoffsuche und Erforschung geologischer Strukturen am Meeresgrund immer stärker in den Fokus der Menschheit. Bedingt durch die mittlere Wassertiefe der Ozeane von 4000 bis 5000m, oft rauen Seegang, widrigere Klimabedingungen und mangelnde Infrastruktur stellt die Offshore-Bohrtechnik die Königsdisziplin der Tiefbohrtechnik dar. Daher gestalten sich Exploration und Erdölförderung auf hoher See ungleich schwieriger und aufwendiger als an Land. Zunächst muss eine schwere, aus Stahl und Beton bestehende Plattform auf dem Meeresgrund am Ansatzpunkt der Bohrung verankert werden. Tauchroboter verbinden die untermeerische Plattform und das Bohrschiff bzw. die Bohrplattform durch Leinen, an denen nach und nach Bohrwerkzeug und spezielle Offshore-Stahlgestänge, sogenannte Marine Riser, herabgelassen werden. Diese ermöglichen auch bei schwer See, gefährlichen Winden, hohen Wellen und starker Strömung eine flexible und sichere Verbindung zwischen Bohrstelle bzw. Bohrwerkzeug und Plattform. Außerdem übertragen sie die Drehbewegung des Motors auf das Werkzeug und leiten das geförderte Erdöl hinauf. Dabei verhindert eine Ausgleichsvorrichtung, der Heave Compensator, dass der Bohrstrang durch die Wellenbewegung zu stark in Bewegung gerät und wohlmöglich das Bohrloch beschädigt. Der so gewonnene Rohstoff wird in Tanks gelagert von Tankschiffen zur Raffinierung an Land transportiert.

Insgesamt kann zusammengefasst werden, dass die technisch sehr anspruchsvollen Offshorebohrungen wesentlich höhere Anforderungen an Konstruktion, Materialien, notwendige Erkundungs-, Förder-, Überwachungs- und

[18] Vgl.: Punsch, Rischmüller, Weggen (1994), S. 61ff

Sicherheitstechnologien und Arbeiter stellen. Denn auch die medizinische Versorgung, sowie Sicherheits- und Fluchteinrichtungen dürfen nicht außer Acht gelassen werden und sind für den Betrieb der nahezu autarken Einrichtungen von höchster Wichtigkeit.[19]

5.3.3 ABBAU VON ÖLSAND

Der Begriff Ölsand bezeichnet eine Mischung aus Tonen, Sanden, Kohlenwasserstoffen und Wasser, die je nach Mischungsverhältnis der Bestandteile in Gestalt von Bitumen bis Rohöl auftritt. Ölsande können weltweit an der Erdoberfläche bzw. in maximalen Tiefen von wenigen hundert Metern gefunden werden, die größten Vorkommen befinden sich dabei mit jeweils etwa ein Drittel der Gesamtreserven am Orinoco in Venezuela und im kanadischen Athabasca. Weitere bedeutende Lagerstätten befinden sich im Nahen Osten, in den USA und auch in der Lüneburger Heide wurde von 1918 bis 1964 der Rohstoff abgebaut. Ein großer Vorteil von Ölsand gegenüber dem konventionellen Erdöl besteht darin, dass die Lagerstätten teils bereits seit Generationen bekannt sind und somit praktisch keine Explorationskosten entstehen. Zudem gestaltet sich der Abbau von Ölsand vergleichsweise einfach: die oberflächennahen Lagerstätten können ähnlich der Braunkohle im Tagebau abgebaggert werden, bei tieferliegenden Schichten kommen sogenannte In-situ-Verfahren zum Einsatz. Diese Verfahren beruhen im Grunde alle auf der Injektion von Dämpfen in die Lagerstätte, wodurch sich noch Untertage die langkettigen Kohlenwasserstoffe in kurzkettigere Kohlenwasserstoffe aufspalten und das Bitumen fließfähig und abpumpbar wird. Im Gegensatz zu auf konventionellen Wegen abgebauten Rohöl müssen die im Tagebau oder durch die In-situ-Verfahren gewonnenen Bitumen bzw. Schweröle durch aufwendige Verfahren von den mineralischen Bestandteilen getrennt, aufbereitet und zur folgenden Raffinierung in leichtes Rohöl umgewandelt werden.[20]

5.3.4 FRACKING

Fracking bezeichnet eine vergleichsweise junge Fördertechnologie, mit welcher seit etwa 1947 unkonventionelle Erdgas- und Erdöllagerstätten erschlossen

---

[19] Vgl.: Buja (2011), S. 669ff
[20] Vgl.: CHEMIE.DE Information Service GmbH (o. J.), http://www.chemie.de/lexikon/%C3%96lsand.html#Nachteile_und_Kritik [letzter Zugriff: 23.08.2016]

werden. Dabei wird ein Gemisch aus Wasser, Stützmitteln (Sand oder Quarz) und technischen Zusatzstoffen unter Druck in sehr dichte Gesteinskörper – zumeist Schieferfelsformationen – gepumpt, um diese mechanisch aufzubrechen und gangbar zu machen. Durch die hydraulisch aufgebrochenen Klüfte und getrieben durch den Druck der eingepumpten Lösung strömt bzw. fließt das Erdgas bzw. Erdöl in Richtung Oberfläche und kann nun aus wesentlich geringerer Tiefe konventionell gefördert werden.[21]

5.4 RAFFFINIERUNG VON ERDÖL

Raffinierung beschreibt allgemein den Prozess der Reinigung und Veredlung von Rohstoffen, dabei kommen ja nach Ausgangsstoff (z.B. Rohöl, aber auch Metalle, Pflanzenöle oder Zucker) verschiedenste Verfahren zur Anwendung.

Rohöl stellt ein je nach Herkunft charakteristisch zusammengesetztes komplexes Gemisch aus verschiedensten Kohlenwasserstoffen, alicyclischen und aromatischen Verbindungen, Schwefel, Sauerstoff, Stickstoff, sowie anderen Verunreinigungen dar. Zur Umwandlung oder Entfernung dieser unerwünschten Komponenten, sowie Auftrennung des Ausgangsmateriales in verwertbare Produkte und damit zur Nutzbarmachung und Qualitätsverbesserung wird das Rohöl in Raffinerien destilliert und in verschieden hoch siedende Fraktionen zerlegt. Dieser Prozess findet in Röhrenöfen mit Fraktionierkolonnen statt, an welchen entsprechend ihres Siedepunktes abgetrennt die Hauptfraktionen des Rohöles – Gas, Benzin, Kerosin, Gasöl, sowie hochsiedende Rückstände (welche in Schmieröl umgewandelt werden) – entnommen werden können. Die so gewonnenen Rohstoffe können nun direkt verwendet oder durch die chemische Industrie weiterverarbeitet werden.[22]

6 GEFAHREN UND RISIKEN BEI DER FÖRDERUNG UND VERWENDUNG VON ERDÖL

Obwohl Erdöl einen natürlicher Rohstoff darstellt, sind viele seiner Bestandteile – insbesondere die aromatischen Verbindungen – gefährliche Umweltgifte. So genügen bereits zwei Gramm Öl pro Kilogramm Boden um jegliche Pflanzen und

[21] Vgl.: Habrich-Böcker, Kirchner, Weißenberg (2014)
[22] Vgl.: Noller (1960), S.74

Mikroorganismen zu töten und nun ein einziger Liter Öl kann 40.000 Liter Meerwasser kontaminieren. Schmerzvoll haben wir noch die Bilder am Öl verendeter Meeresvögel, Meeressäuger oder Fische und verölter Küstenstreifen vor Augen, die regelmäßig nach großen Ölkatastrophen, wie dem Tankerunglücke der Exxon Valdez vor Alaska im Jahre 1989 oder dem Untergang der Ölplattform Deepwater Horizon im Golf von Mexiko im Jahre 2010, um die Welt gehen. Auch das komplette Ökosystem des Ölsandabbaugebietes um das kanadische Alberta mit seinem borealen Nadelwald, den Moore und Flüssen muss inzwischen als vollständig zerstört und nicht rekultivierbar betrachtet werden. Zudem fallen bei der Förderung eines Barrels des synthetischen Öles mehr als 80 Kilogramm Treibhausgase und vier Barrel verseuchtes Abwasser an und gefährden damit die Umwelt weit über die Grenzen des Fördergebietes hinaus. [23] Auch Fracking, der neue Antwort auf die zunehmende Energieknappheit, bescheinigen Studien ein wesentlich höheres Gefahrenpotential als zunächst angenommen. Besonders der hohe Flächen- und Wasserverbrauch beim Bohren, der Einsatz gefährlicher toxischer Zusatzstoffe, sowie der sogenannte Flowback aus mit Salzen oder natürlichen radioaktiven oder toxischen Elementen belastetem Wasser zurück ins Trinkwasser stellen eine bedeutende human- und ökotoxikologische Problematik dar.[24] Aber auch die Erschließung, sowie der Betrieb der Bohrungen ziehen markante Veränderungen der Ökosysteme nach sich: Wälder werden abgeholzt, Infrastrukturen in unberührter Natur errichtet, Abgase und Feinstäube von Fördermaschinen und Erdgasfackeln belasten die Atmosphäre und Verölungen um die Förder- und Transportanlagen zerstören einmalige Ökosysteme über Generationen. Zudem sollte besonders die Belastung der Erdatmosphäre mit Treibhausgasen und Feinstäuben bei der Verbrennung des fossilen Brennstoffes und daraus resultierenden Folgeschäden wie dem Klimawandel, der Zerstörung des Ozonloches oder dem für die Vegetation schädliche saurer Regen den Menschen zwingen mit dem kostbaren Gut Erdöl bewusster umzugehen.[25]

Beispiele wie diese verdeutlichen, dass trotz der energetisch signifikanten Ausrichtung der Gesellschaft auf die Rohstoffe Öl und Gas die negativen Begleiterscheinungen bei Förderung, Transport, Verarbeitung und Verwendung

[23] Vgl.: Bahadir (1995)
[24] Vgl.: Greenpeace e.V. (2015), http://www.greenpeace.de/sites/www.greenpeace.de/files/publications/risiken-durch-fracking.pdf [letzter Zugriff: 23.08.2016]
[25] Vgl.: Bahadir (1995)

auf ein Minimum reduziert werden müssen. Langfristig erscheint jedoch eine Abkehr von den fossilen Brennstoffen hin zu erneuerbaren Energien zum Erhalt des Ökosystems Erde unumgänglich.

7 ZUKUNFTSAUSSICHTEN DER VERWENDUNG

Dem folgend ist die Politik seit dem Klimagipfel in Rio im Jahre 1992 bestrebt die Emission der klimaschädlichen Treibhausgase zu reduzieren. Auf dieser UNO-Konferenz über Umwelt und Entwicklung vereinbarten Vertreter von 178 Ländern ihren jeweiligen CO^2-Ausstoß langfristig unter das für den Klimawandel verantwortliche Niveau zu senken. Dieses Ziel kann jedoch nur durch die Abkehr von der traditionellen Verbrennung fossiler Rohstoffe wie Kohle, Erdöl und Erdgas zur Energie- und Wärmeerzeugung erreicht werden, mit dem sich auch heute noch – 24 Jahre später – viele Länder aus Mangel an Alternativen schwer tun und die vertraglich vereinbarten Klimaziele zur Reduktion der Treibhausgase regelmäßig verfehlen. Filteranlagen für Kraftwerke und Verkehrsmittel erscheinen angesichts der ungeheuren Mengen weltweit geförderter und verbrauchter Barrel Erdöl nur wie ein Tropfen auf den heißen Stein. Eine wichtige Vorreiterrolle diesbezüglich spielt Deutschland, das mit einem klaren Bekenntnis zu Energiewende und der Förderung und Umstellung auf alternative Energiequellen wie Sonne, Wind und Wasser international ein starkes Statement zur Umsetzbarkeit der ehrgeizigen Klimapläne abgibt.[26] Jüngste Pressemitteilungen verkünden indes, dass nun auch Norwegen seine Verantwortung für die Welt von Morgen wahrnimmt und ab dem Jahr 2025 als erstes Land die Neuzulassung von Autos mit Verbrennungsmotoren verbieten wird. Zudem sollen gewaltige zehn Milliarden Euro in öffentliche Verkehrssysteme investiert werden, da diese im Vergleich zum Individualverkehr eine wesentlich bessere Ökobilanz aufweisen. Dies scheint ein erster Schritt zur Umsetzung des ZEV-Vertrages, welcher von dreizehn Nationen am Rande des Pariser Klimagipfels unterzeichnet wurde und eine emissionsfreie Mobilität mit Elektro- und Brennstoffzellenautos ins Zentrum der nationalen Verkehrspolitik rücken soll. Nun bleibt zu hoffen, dass auch die

[26] Vgl.: Greenpeace e.V. (o. J.), https://www.greenpeace.de/themen/klimawandel/klimaschutz/internationale-klimakonferenzen

anderen Unterzeichnerstaaten diesem Beispiel mittelfristig folgen werden.[27] Somit zeichnet sich zumindest hinsichtlich der Energiegewinnung und Mobilität auf Basis des schwarzen Goldes ein langsames Umschwenken auf grünerer Alternativen ab.

Ein weiteres wichtiges Produkt der Petrochemie stellt Kunststoff dar. Dieser erdölbasierende Werkstoff kann hinsichtlich seiner Gestalt und Eigenschaften beinahe nach Belieben produziert werden und besticht dadurch mit seiner ungeheuren Vielseitigkeit und beinahe universellen Einsetzbarkeit. Daher ist es nicht weiter verwunderlich, dass dem Menschen Produkten aus Kunststoff heute – mal offensichtlich, mal weniger offensichtlich – beinah permanent begegnet: von der Plastikverpackung oder dem Smartphonegehäuse, über die intelligente Textilfaser bis hin zum Leichtbauchassis oder der Hochspannungsisolierung. Doch neben der energie- und rohstoffintensiven Produktion besteht das größte Manko des Lebens in der Plastikgesellschaft in der langen Haltbarkeit des Materials, womit sich unweigerlich das Problem der Entsorgung des unverrottbaren Plastikmülls stellt. Dokumentarfilme wie „Plastic Planet", „Addicted to plastic" oder „Midway" weisen uns eindrücklich auf die von Kunststoffen verursachten Umweltprobleme hin. Aber auch hier zeigt sich langsam ein Gewahr werden der Prägnanz eines schon lange bekannten Problems.[28] Energetisch effizientere und biologisch abbaubare Kunststoffe auf pflanzlicher Basis dringen langsam auf den Markt vor und könnten konventionelle Kunststoffe zukünftig den Rang ablaufen.[29] Und auch auf politischer Ebene wurde mit einem europaweiten Verbot der kostenfreien Abgabe von Plastiktüten ab 2018 ein wichtiges Zeichen gesetzt.[30] Somit mehren sich auch bezüglich des Plastikmülls die Hinweise auf ein gesellschaftsübergreifenden Umdenken und Handeln in Richtung Umweltschutz und Nachhaltigkeit.

Doch trotz all dem erscheint ein Leben ohne Erdöl und erdölbasierende Produkte nur schwer vorstellbar. Es bleibt abzuwarten wohin uns die Reise führt.

---

[27] Vgl.: DWN (2016), http://deutsche-wirtschafts-nachrichten.de/2016/03/24/norwegen-plant-verbot-fuer-diesel-und-benzinmotoren/ [letzter Zugriff: 23.08.2016]

[28] Vgl.: Wiley Information Services GmbH (o. J.), http://www.chemgapedia.de/vsengine/vlu/vsc/de/ch/16/schulmaterial/mac/alltag/alltag.vlu/Page/vsc/de/ch/16/schulmaterial/mac/alltag/all_bedeutung.vscml.html [letzter Zugriff: 23.08.2016]

[29] Vgl.: Umweltbundesamt (o. J.), https://www.umweltbundesamt.de/sites/default/files/medien/publikation/long/3834.pdf [letzter Zugriff: 23.08.2016]

[30] Vgl.: Die Welt (2016), http://www.welt.de/wirtschaft/article140212165/EU-verbietet-kostenlose-Plastiktueten-ab-2018.html [letzter Zugriff: 23.08.2016]

8 FAZIT

Ziel der vorliegenden Studie war die Untersuchung der Gewinnung, Nutzung und Risikopotentiale der Ressource Erdöl, sowie daraus resultierende Handlungsfelder, Alternativen und Zukunftsaussichten. Dabei ergab sich, dass der über Jahrmillionen währenden Entstehungsgeschichte des Rohstoffes eine verhältnismäßig kurze Nutzung durch den Menschen gegenübersteht, die gleichwohl vom unbändigen Willen zur Überwindung bemerkenswerter technischer Schwierigkeiten bei der Exploration und Förderung, einer immanenten Abhängigkeit und vielfältigen Risiken- und Nutzungspotential gekennzeichnet ist. Dies liegt zum einen darin begründet, dass die Lagerstätten des sich zunehmend verknappenden Rohstoffes teils mehrere tausend Meter tief unter dicken Gesteinssichten oder unter dem Meeresgrund verborgen liegen und damit Mensch, wie Maschine vor ernstzunehmende Herausforderungen stellt. Aus der zunächst vergleichsweise simplen Verwendung als Schmier- und Leuchtmittel konnte sich dank der petrochemischen Industrie einer der vielfältigsten Werk- und Treibstoffe der Menschheitsgeschichte entwickeln. Doch gerade aus dieser geologischen, sowie räumlichen Lage, seiner Ökotoxizität beim der Freisetzung oder Verbrennung und der scheinbaren Alternativlosigkeit resultieren vielfältige Problemfelder, deren Bewältigung eines der Schlüsselprobleme der Zukunft darstellt. Auf der anderen Seite musste festgestellt werden, dass sich ohne das Schwarze Gold die Welt und die Menschheit wahrscheinlich niemals zu ihrer heutigen Form entwickeln hätten können und ihr Fortbestehen einerseits an die Verwendung, andererseits an das Meiden des Rohstoffes gebunden ist. Daher scheint es nicht verwunderlich, dass immer mehr Anstrengungen hinsichtlich der Suche nach neuen Lagerstätten, wie auch nach der Suche nach alternativen Rohstoffen und Ressourcen unternommen werden. Gleiches gilt für die immer vielfältigeren Nutzungsmöglichkeiten, bei gleichzeitige Nutzungseindämmung. Daher kann abschließend zu Recht behauptet werden: Erdöl – zugleich Fluch und Segen.

9 QUELLENANGABEN

Bibliographien

Bahadir (1995): Springer Umweltlexikon; Berlin, Göttingen, Heidelberg: Springer-Verlag

Buja (2011): Handbuch der Tief-, Flach-, Geothermie- und Horizontalbohrtechnik; Wiesbaden: Vieweg+Teubner Verlag

Habrich-Böcker, Kirchner, Weißenberg (2014): Fracking – Die neue Produktionsgeographie; Wiesbaden: Springer-Verlag

Noller (1960): Lehrbuch der organischen Chemie; Berlin, Göttingen, Heidelberg: Springer-Verlag

Pusch, Rischmüller, Weggen (1994): Die Energierohstoffe Erdöl und Erdgas; Berlin: Ernst & Sohn Verlag für Architektur und technische Wissenschaften GmbH

Internetquellen

CHEMIE.DE Information Service GmbH (o. J.): Erdöl:
http://www.chemie.de/lexikon/Erd%C3%B6l.html
[letzter Zugriff: 23.08.2016]

CHEMIE.DE Information Service GmbH (o. J.): Ölsand:
http://www.chemie.de/lexikon/%C3%96lsand.html#Nachteile_und_Kritik
[letzter Zugriff: 23.08.2016]

Die Welt (2016): EU verbietet kostenlose Plastiktüten ab 2018:
http://www.welt.de/wirtschaft/article140212165/EU-verbietet-kostenlose-Plastiktueten-ab-2018.html
[letzter Zugriff: 23.08.2016]

DWN (2016): Norwegen plant Verbot für Diesel- und Benzinmotoren:
http://deutsche-wirtschafts-nachrichten.de/2016/03/24/norwegen-plant-verbot-fuer-diesel-und-benzinmotoren/
[letzter Zugriff: 23.08.2016]

ENGIE E&P DEUTSCHLAND GmbH (o. J.): Erdöl im Alltag:
http://www.erdoel-in-speyer.de/index.php/rund-ums-erdoel/erdoel-im-alltag.html
[letzter Zugriff: 23.08.2016]

Greenpeace e.V. (o. J.): Internationale Klimakonferenzen:
https://www.greenpeace.de/themen/klimawandel/klimaschutz/internationale-klimakonferenzen
[letzter Zugriff: 23.08.2016]

Greenpeace e.V. (2015): Risiken durch Fracking:
http://www.greenpeace.de/sites/www.greenpeace.de/files/publications/risiken-durch-fracking.pdf
[letzter Zugriff: 23.08.2016]

Umweltbundesamt (o. J.): Biologisch abbaubare Kunststoffe:
https://www.umweltbundesamt.de/sites/default/files/medien/publikation/long/3834.pdf
[letzter Zugriff: 23.08.2016]

Wiley Information Services GmbH (o. J.): Kunststoffe im Alltag:
http://www.chemgapedia.de/vsengine/vlu/vsc/de/ch/16/schulmaterial/mac/alltag/alltag.vlu/Page/vsc/de/ch/16/schulmaterial/mac/alltag/all_bedeutung.vscml.html
[letzter Zugriff: 23.08.2016]

Wirtschaftswoche (2015): Krieg ums Öl:
http://www.wiwo.de/politik/ausland/von-wegen-verschwoerungstheorie-krieg-ums-oel-/11298670.html
[letzter Zugriff: 23.08.2016]